★了不起的中国科技★

南极科考队员的一天

曹建西 金蓉 著 邓跃 绘

童趣出版有限公司编 人民邮电出版社出版
北 京

图书在版编目（CIP）数据

南极科考队员的一天 / 曹建西，金蓉著 ; 邓跃绘 ;
童趣出版有限公司编. -- 北京 : 人民邮电出版社，
2022.8
（了不起的中国科技）
ISBN 978-7-115-59029-9

Ⅰ. ①南… Ⅱ. ①曹… ②金… ③邓… ④童… Ⅲ.
①南极－科学考察－中国－少儿读物 Ⅳ. ①N816.61-49

中国版本图书馆CIP数据核字(2022)第052651号

责任编辑：刘佳娣
执行编辑：魏宇非
责任印制：李晓敏
美术设计：林昕瑶

编　　：童趣出版有限公司
出　版：人民邮电出版社
地　址：北京市丰台区成寿寺路 11 号邮电出版大厦（100164）
网　址：www.childrenfun.com.cn

读者热线：010 － 81054177
经销电话：010 － 81054120

印　刷：雅迪云印（天津）科技有限公司
开　本：889×1194 1/16
印　张：3
字　数：65 千字
版　次：2022 年 8 月第 1 版 2022 年 8 月第 1 次印刷
书　号：ISBN 978-7-115-59029-9
定　价：58.00 元

2008 年 10 月 20 日，中国第 25 次南极科学考察队乘坐“雪龙”号极地考察船从上海出发。

一个月后，“雪龙”号到达南极中山站附近，开始准备卸货。不巧的是，中山站附近的海面乱冰密布，科学考察工作困难重重。

本书讲述的是 2008 年 12 月 11 日这天发生的事情……

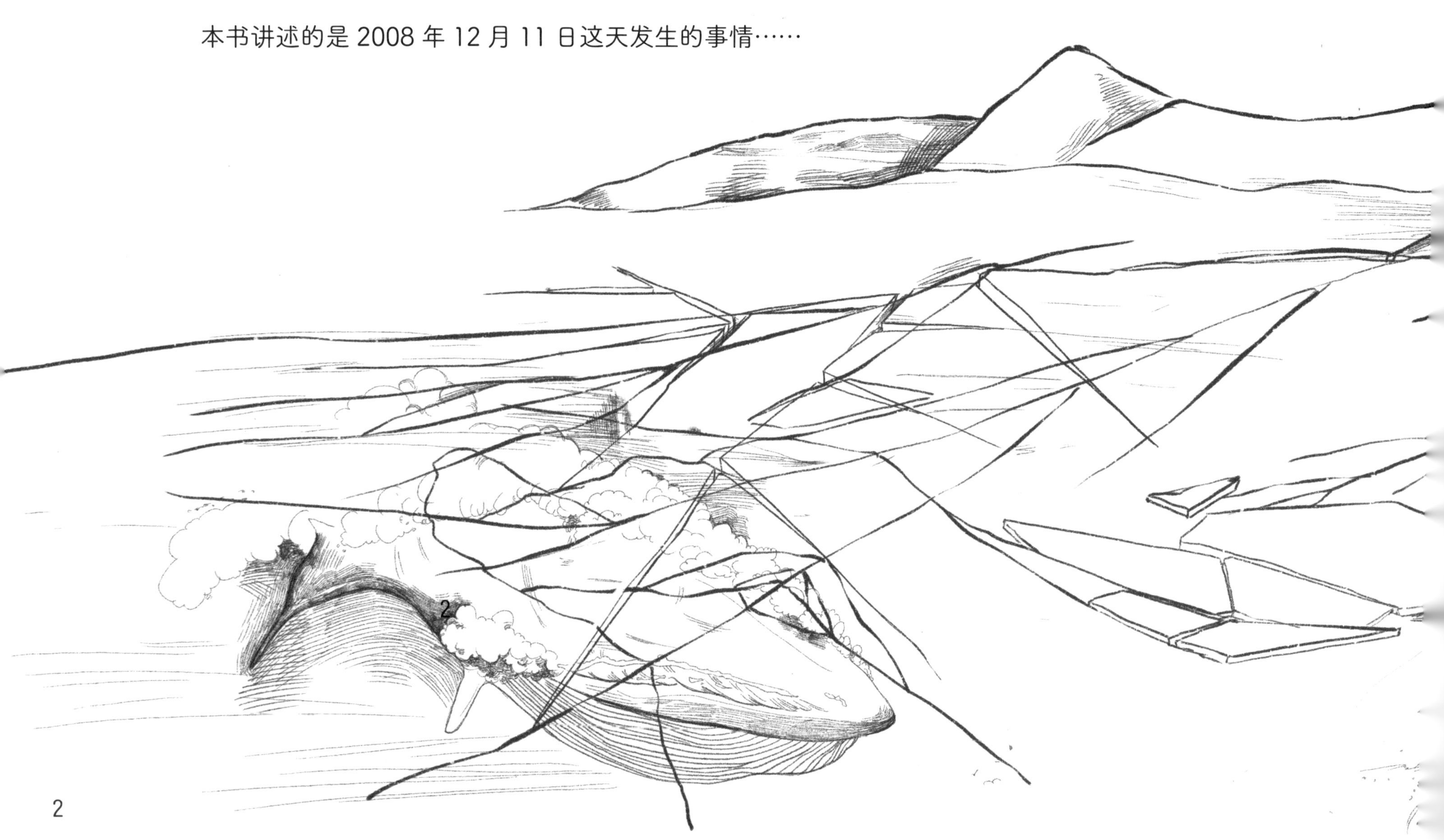

2008 年 12 月 11 日，此时位于北半球的祖国，正处于严寒的冬季；而位于南半球的南极正处于夏季，太阳 24 小时都在地平线以上（这种现象被称为极昼），但依旧让人感觉不到温暖。

凌晨3点，科学考察队领队下达“出发”的指令，我和夏队长驾驶两辆雪地车从“雪龙”号出发，前往19海里（约35.2千米）之外的中山站。

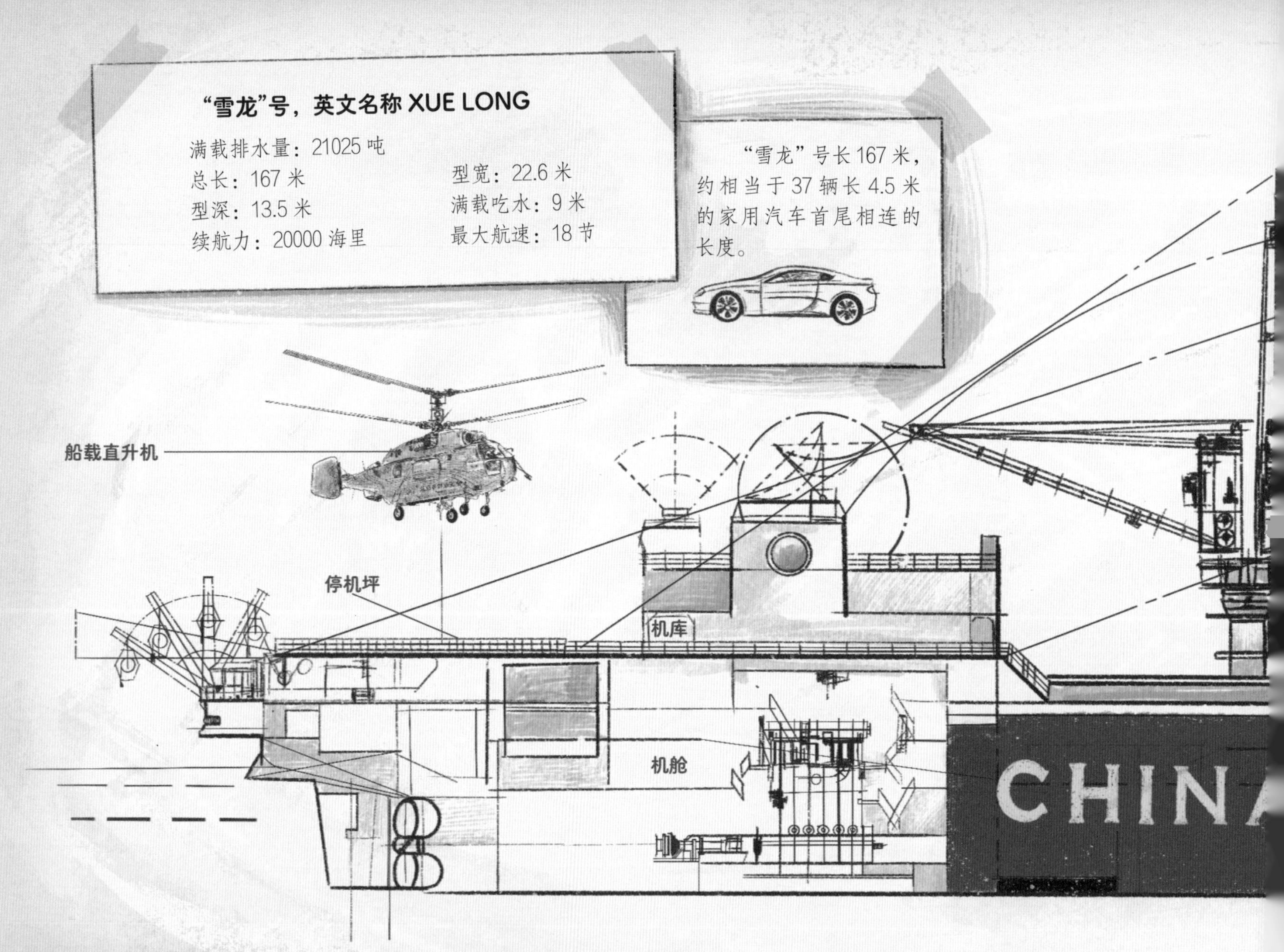

"雪龙"号是我国第一艘专门从事南北极考察的破冰船，也是我国最大的极地考察船。她长 167 米，宽 22.6 米，上下共 11 层，可承载 160 多人。她在冰雪世界行驶时，看上去真像一条威风凛凛的"中国龙"。

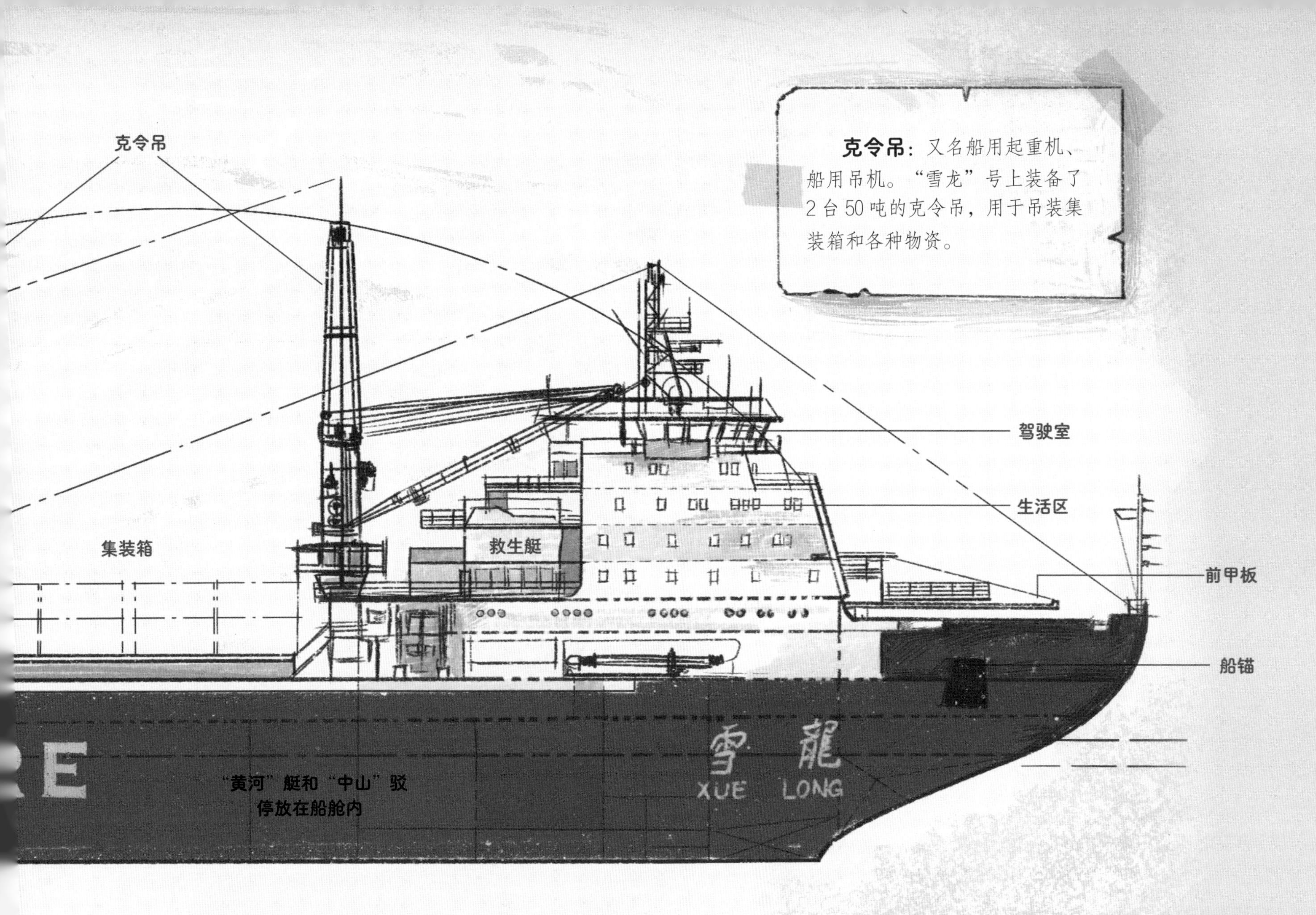

克令吊：又名船用起重机、船用吊机。“雪龙”号上装备了2台50吨的克令吊，用于吊装集装箱和各种物资。

“雪龙”号不仅装备精良，配备了2架直升机、1个停机坪、1艘“黄河”艇以及1只“中山”驳，还设有游泳池、图书馆、健身房、室内篮球场、洗衣房、手术室等完善的生活娱乐设施和医疗设施。

雪地车行驶在厚厚的冰层上，冰层下是几百米深的海水。

就在半个月前，我们有一辆雪地车在卸货时意外压碎海冰，迅速沉入海底。

小知识

在陆地上，企鹅走起路来憨憨萌萌的，然而在海水中，企鹅的动作却相当灵活。企鹅不仅是游泳高手，也是潜水高手呢，根据科学家统计的数据，帝企鹅最深潜水纪录达到了 565 米！

那辆雪地车的驾驶员老徐面对突发情况，沉着应对。

驾驶室两侧的门都打不开了，

他突然想起车门上的侧窗是推拉式的，就用力拉开侧窗。

海水瞬间涌入驾驶室，水流带着老徐顶开了天窗，他幸运地从里面逃了出来。

小知识

“雪龙”号停泊的这一水域靠近大陆架，海水深约 550 米。

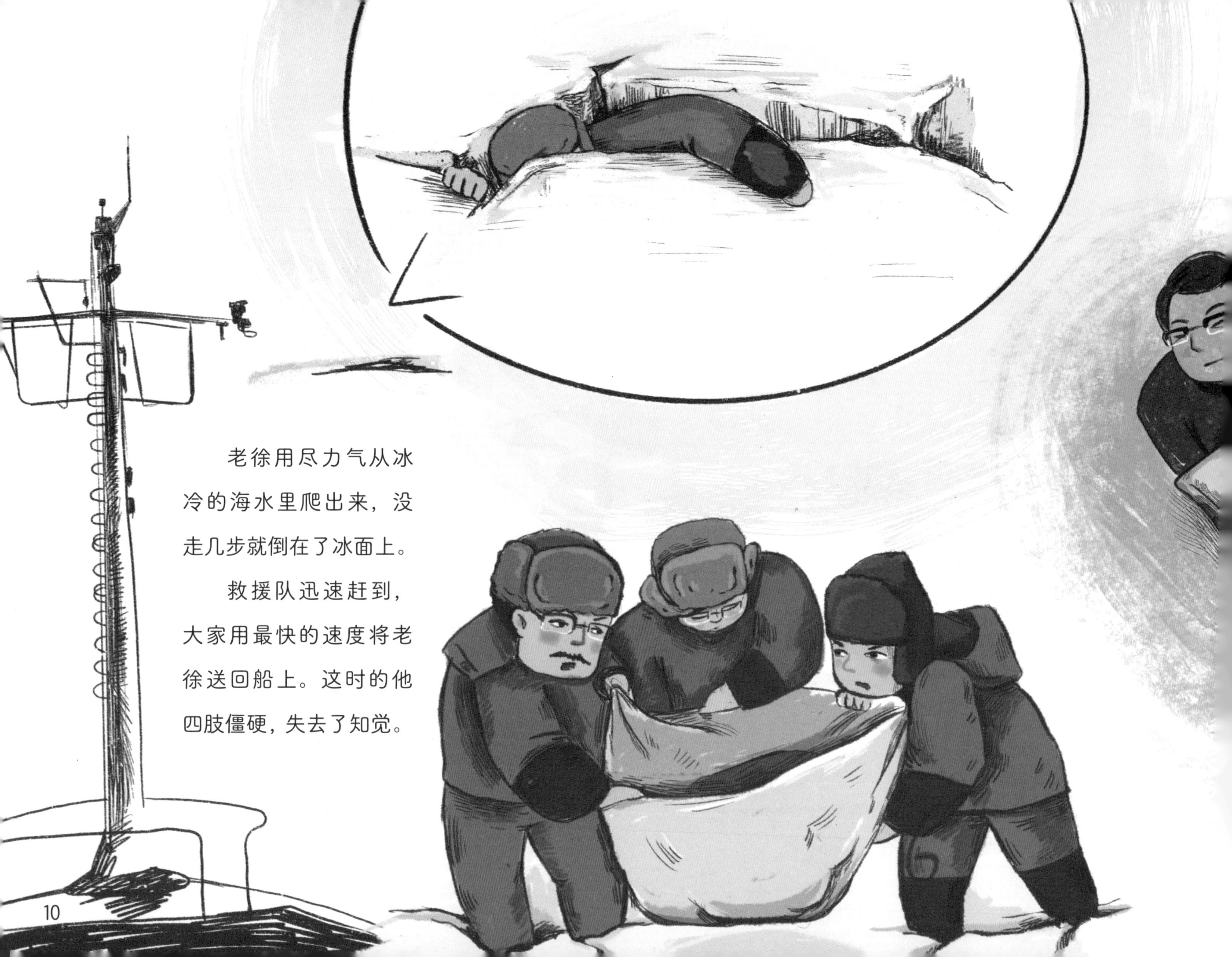

老徐用尽力气从冰冷的海水里爬出来，没走几步就倒在了冰面上。

救援队迅速赶到，大家用最快的速度将老徐送回船上。这时的他四肢僵硬，失去了知觉。

救援队员先是帮他脱掉一层一层湿透的衣服，再用被褥把他包裹起来。几名队员有的抱住他的头，有的抱住他的四肢，用自己的体温温暖他的身体。幸运的是，老徐渐渐恢复了知觉，他得救了。

事发第二天，为了不耽误早就安排好的中山站新老队员交接仪式，作为上次越冬队的站长，老徐强烈要求科学考察队送他到中山站参加交接仪式。

小知识

“雪龙”号停在距离中山站30多千米外的普里兹湾，这里的海冰有1米多厚。把船上的物资运到中山站有两种方式：空运或者海冰运输。空运采用的是直升机吊运，直升机的飞行成本较高且吊装重量受限制。我们把海冰上的运输工作称为“海冰卸货”，就是把货物装上雪橇，然后用雪地车从海冰上拉到中山站。

海冰卸货工作是整个南极考察工作中作业面最广、参与人数最多、强度最大、风险最高的一项任务。海冰运输时，万一哪块海冰不牢靠，雪地车就有可能掉入海中。

老徐奇迹般地生还了，但那辆崭新的雪地车沉入了海底。他一再叮嘱我们，这附近的海冰看起来很不安全，一定要多加小心。

科学考察队决定暂时放弃海冰卸货计划，开始通过直升机进行空中吊运。直升机吊走了“雪龙”号上的大部分物资，但却吊不动剩下的两辆崭新的 PB300 雪地车。它们可是昆仑站建设工作的主力车型，得想办法开到岸上去。

队友们提前开着雪地摩托车携带探冰仪器进行海冰探路，以确保冰面安全。

夏队长和我临危受命，向死神宣战。

临出发前的晚上，生怕第二天雪地车会像老徐开的那辆似的突然下沉，我给家人写了封遗书。

考察队选择在凌晨出发，是因为这时的海冰最坚硬。

我们小心翼翼地驾驶着雪地车，朝着中山站的方向缓慢行进。我非常紧张，害怕车下的海冰会突然破裂。

4:00

刚出发的时候，我们都开着雪地车的车门。没过多久，我俩就冻得浑身打哆嗦。

我俩在对讲机里商量，这样实在太冷了，还是关上车门吧。

天窗也是一个潜在的逃生出口，所以我一边开车，一边时不时抬头看看天窗。

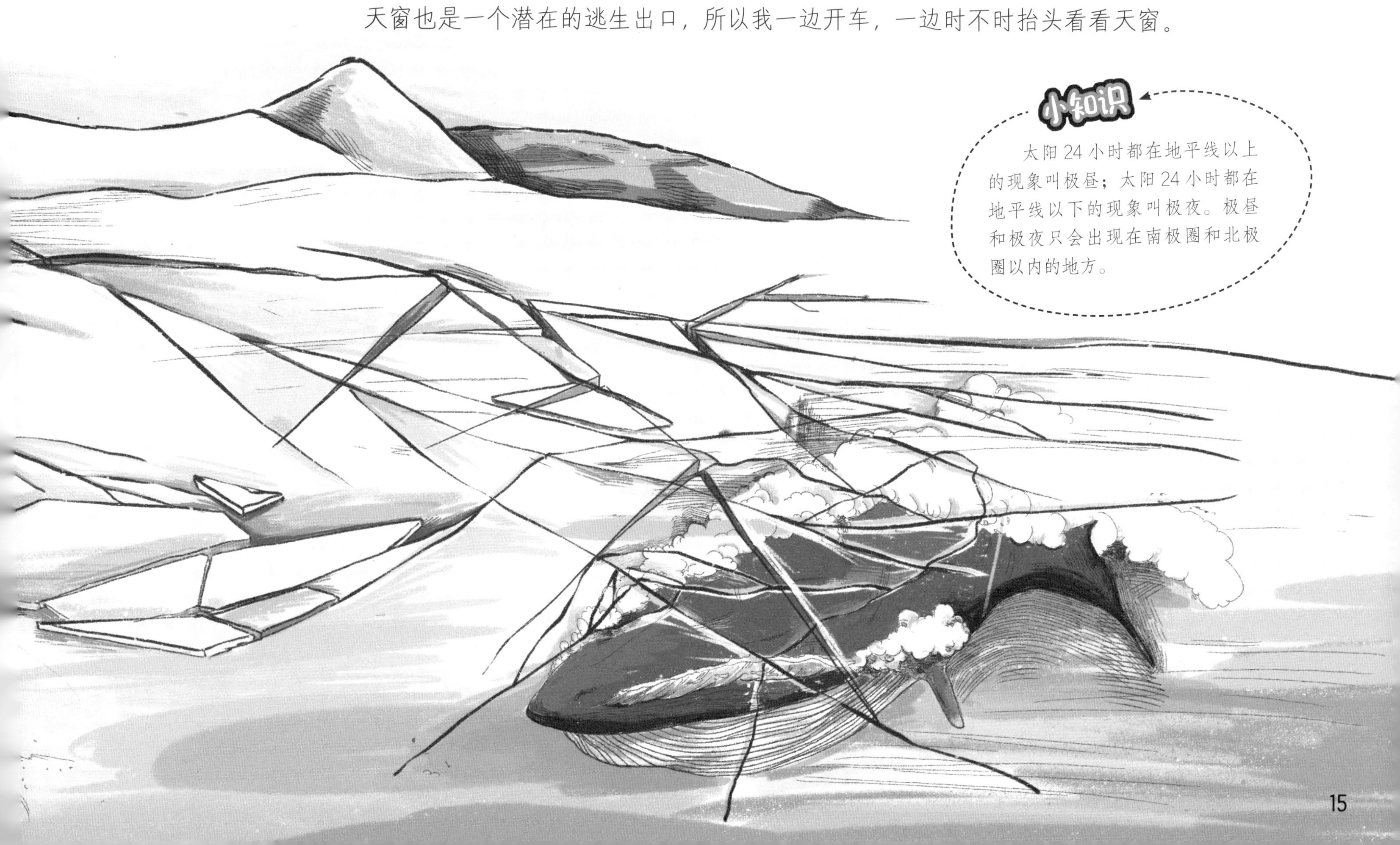

头半个小时最紧张，我估摸着雪地车开到了陆缘冰上后就不那么紧张了。又开了很久，我们看到前方出现了一辆雪地摩托车，上面坐着两名中山站的队员。原来是到潮汐缝了，他们已经帮我们在潮汐缝上铺设好了木板。我们没有停车，瞄准了方向，毫不迟疑地加速冲了过去。

小知识
陆缘冰是与南极陆地相连的浮动冰层，它最大的特点是厚薄均匀，牢固可靠。
潮汐缝是受海水涨落潮影响而形成的海冰裂隙，一般与海岸线的方向一致。潮汐缝最宽处可达一两米，雪后覆盖在裂隙两侧的白雪会让裂隙看起来很窄，如果不探测清楚，雪地车开上去就有可能被它吞噬。

6:00

我们驾驶两辆雪地车平安到达中山站，很多队员出来迎接我们。大家悬着的心这才放了下来。

中国南极中山站建成于 1989 年 2 月 26 日，位于东南极大陆，是内陆队向南极内陆冰盖进发的“起点站”。中山站年平均气温 -10℃左右，极端最低温度达 -36.4℃，8 级以上大风天数达 174 天，紫外线辐射强度大。

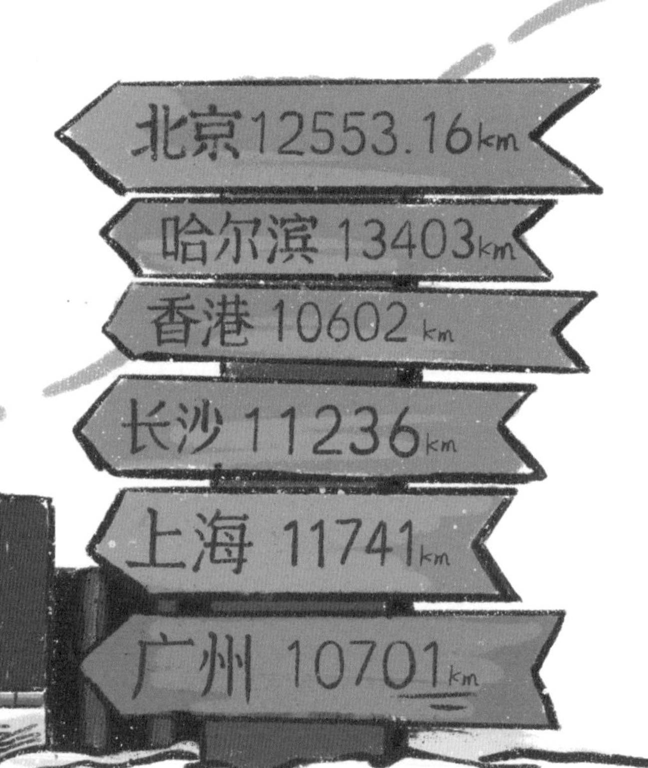

8:00

在中山站吃完早餐，我们继续驾驶雪地车朝着内陆队出发基地开去。

科学考察站的食物通常比较简单，以一些能够长期保存的食物为主，但好在“雪龙”号带来了很多新鲜食品，让队员们的早餐丰富多了。

8:20

　　去往内陆队出发基地的路上，有一个叫俄罗斯大坡的地方。去年（2007 年）我和队友老崔开着雪地车走在这里，雪地车突然失控，差点儿撞到对面的山上。想到这些，我又开始紧张起来。

8:40

直到拐过鹰嘴岩，走上冰川，我才舒了一口气——顺着长坡，前方冰川顶上就是内陆队出发基地啦！

俄罗斯大坡
中山站

内陆队出发基地和南极冰盖相连，距离中山站 6 千米。内陆队要先到达这里，拉上装有物资的雪橇，然后再度出发，去南极冰盖的最高点“冰穹 A”地区建一座科学考察站——昆仑站。

内陆队出发基地位于南极冰盖的边缘。南极冰盖覆盖了南极大陆约 98% 的面积，大约为 1400 万平方千米。站在这里往前看是一望无际的冰川，脚底下则是终年不化的万年冰。

小知识

卡-32 型直升机，最多可吊挂 4.3 吨左右的重量，是我国南极考察队卸货的主力机型。

9:00

直升机发出阵阵轰鸣声，又从“雪龙”号运来一批物资。它是科学考察队的空中运输能手，每天要多次往返于“雪龙”号和内陆队出发基地之间。

我和夏队长把雪地车停放好，就立即参与到新的工作中。内陆队队员们分工合作，把这些从“雪龙”号吊运过来的物资装上雪橇。

这些物资有昆仑站的建筑材料，有科学家们需要的科研装备，有队员需要的食物、药品，还有雪地车需要的柴油。

12:00

为了节省时间，今天中午大家就在原地吃饼干。

大家停下手里的工作，才发现肚子确实有点儿饿了。

饼干的味道和口感就和飞机上的饼干一样，远没有家里的好吃，不过劳累了半天，我们倒也吃得津津有味。

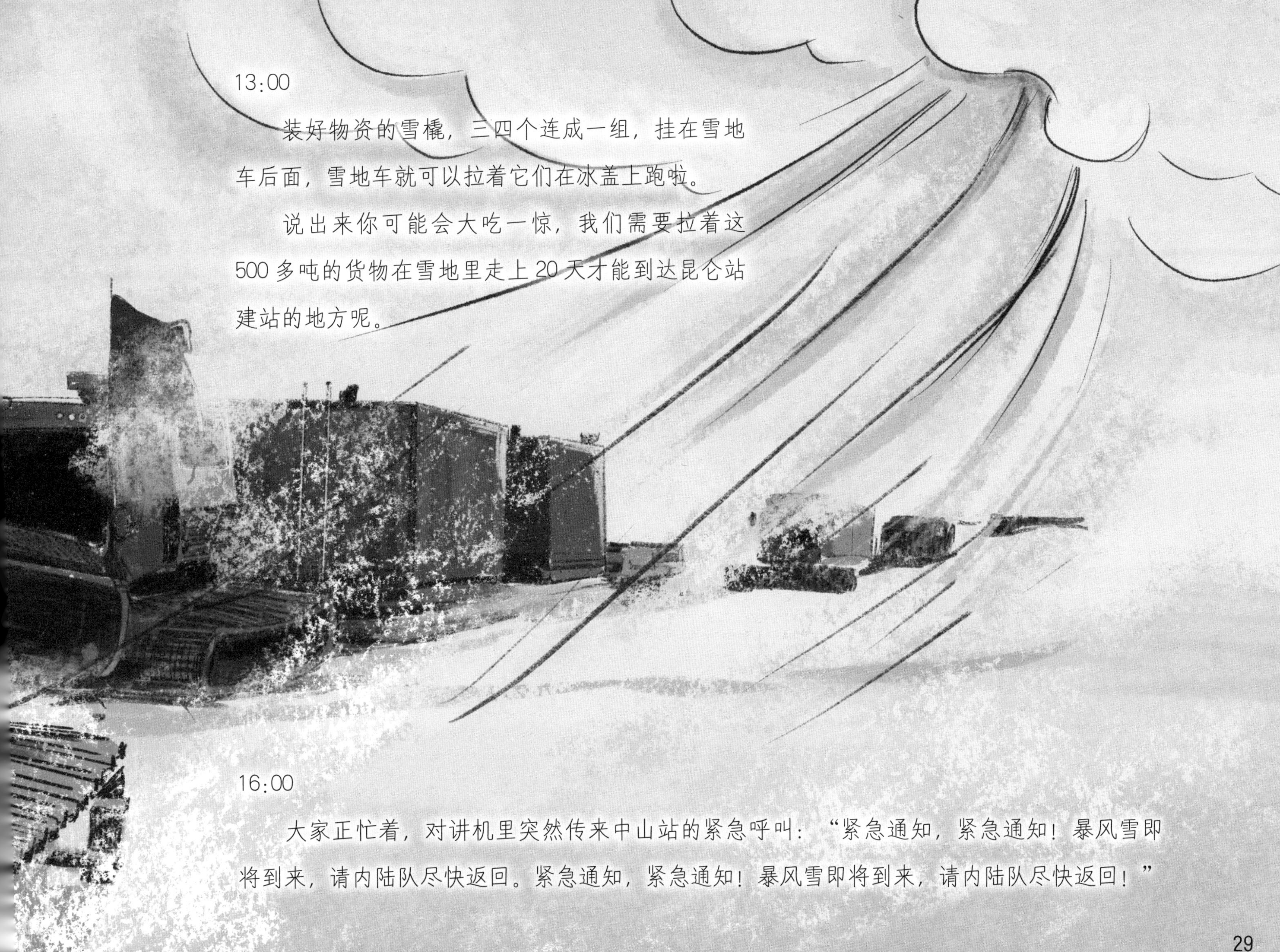

13:00

装好物资的雪橇，三四个连成一组，挂在雪地车后面，雪地车就可以拉着它们在冰盖上跑啦。

说出来你可能会大吃一惊，我们需要拉着这500多吨的货物在雪地里走上20天才能到达昆仑站建站的地方呢。

16:00

大家正忙着，对讲机里突然传来中山站的紧急呼叫："紧急通知，紧急通知！暴风雪即将到来，请内陆队尽快返回。紧急通知，紧急通知！暴风雪即将到来，请内陆队尽快返回！"

接到通知，我们赶紧把放在地上的东西用帆布盖起来，四周插上高高的竹竿。有了这些竹竿，即使地上的东西都被白雪覆盖，我们也能找回来。

16:45

时间紧迫，卡-32型直升机特地赶来，接我们回中山站。

17:30

回到中山站，我们看到其他在野外工作的科学家也陆续回来了。他们有的背着一袋石头，那是地质学家采的岩石样品；有的从小艇上抬下来几个大箱子，里面装着很多小瓶的海水和海底淤泥，那是海洋学家取回来的样品。

18:00
中山站食堂的铃响了，我们去吃了顿热腾腾的晚饭。一天的紧张和疲惫被暂时抛到脑后。
今天工作了一整天，你们累坏了吧！多吃点儿。
在海冰上偶遇了一只小企鹅，它径直朝我走来。我都不敢动呢。
呵呵，也许是被你的魅力所吸引……
两辆新的PB300雪地车终于可以投入使用了，大家对昆仑站的建设充满了期待。
真是难忘的一天！

19:30

暴风雪已经过去，我不禁陶醉在南极大陆迷人的风光中。远处的冰山巍然屹立，带来的震撼超出我的想象。

三五成群的企鹅从我身边好奇地走过。它们是想和我交朋友吗?

20:00

我回到房间准备睡觉，中山站的房间和学校宿舍一样，两人一间。这里就是我临时的家。

20:30
今天真是漫长的一天。从凌晨开始工作的我已经很累了，躺在床上很快就进入了梦乡。

2009 年 1 月 27 日，中国南极科学考察站昆仑站建成。在之后举行的建站仪式上，我们每位队员都很激动，大伙儿自豪地唱国歌、升国旗，在新落成的昆仑站前集体合影，每个人的脸上都笑开了花。

第二十五次
科学考察队

后 记

我们在向南极内陆行进的过程中，每一天都会有意想不到的事情发生，每一天都可能遭遇生死考验。一路上，雪地车频繁发生故障，队友小魏在“魔鬼 30 千米”处雪橇翻车，我在冰裂隙区发生严重低血糖导致的晕厥，队友毛医生在“大锅盖”迷路……除了这些，大家还要承受高寒低氧等恶劣气候环境带来的痛苦。

2009 年 1 月 6 日，经过近 20 天的长途跋涉，我们终于抵达了南极冰盖的最高点“冰穹 A”，开始昆仑站的建站工作。二十多天后，中国南极科学考察站昆仑站顺利竣工。内陆队队员们光荣地完成了祖国交付的任务。

我们不忘初心，砥砺前行。

——中国第 25 次南极科学考察队队员

曹建西